上海市工程建设规范

大跨度建筑空间结构抗连续倒塌设计标准

Design standard for large-span spatial structures to resist progressive collapse

DG/TJ 08—2350—2021
J 15559—2021

主编单位：华东建筑设计研究院有限公司
　　　　　同济大学
批准部门：上海市住房和城乡建设管理委员会
施行日期：2021 年 7 月 1 日

同济大学出版社

2021　上海

图书在版编目(CIP)数据

大跨度建筑空间结构抗连续倒塌设计标准/华东建
筑设计研究院有限公司,同济大学主编. —上海:同济
大学出版社,2021.6
　　ISBN 978-7-5608-9727-1

Ⅰ.①大… Ⅱ.①华… ②同… Ⅲ.①建筑物-大跨
度结构-坍塌-设计标准-上海 Ⅳ.①TU208.5-65

中国版本图书馆 CIP 数据核字(2021)第 092227 号

大跨度建筑空间结构抗连续倒塌设计标准

华东建筑设计研究院有限公司
　　　　　　　　　　　　　　主编
同济大学

策划编辑　张平官
责任编辑　朱　勇
责任校对　徐春莲
封面设计　陈益平

出版发行　同济大学出版社　　www.tongjipress.com.cn
　　　　　(地址:上海市四平路 1239 号　邮编:200092　电话:021-65985622)
经　　销　全国各地新华书店
印　　刷　浦江求真印务有限公司
开　　本　889mm×1194mm　1/32
印　　张　2.875
字　　数　77 000
版　　次　2021 年 6 月第 1 版　　2021 年 6 月第 1 次印刷
书　　号　ISBN 978-7-5608-9727-1
定　　价　30.00 元

上海市住房和城乡建设管理委员会文件

沪建标定〔2021〕11 号

上海市住房和城乡建设管理委员会
关于批准《大跨度建筑空间结构抗连续倒塌
设计标准》为上海市工程建设规范的通知

各有关单位:

由华东建筑设计研究院有限公司、同济大学主编的《大跨度建筑空间结构抗连续倒塌设计标准》,经我委审核,现批准为上海市工程建设规范,统一编号为 DG/TJ 08—2350—2021,自 2021 年 7 月 1 日起实施。

本规范由上海市住房和城乡建设管理委员会负责管理,华东建筑设计研究院有限公司负责解释。

特此通知。

上海市住房和城乡建设管理委员会

二〇二一年一月七日

前　言

　　本标准根据上海市住房和城乡建设管理委员会《关于印发〈2016 年上海市工程建设规范编制计划〉的通知》（沪建管〔2015〕871 号）的要求，在经过广泛调研和征求意见的基础上，由华东建筑设计研究院有限公司、同济大学会同有关单位编制而成。

　　本标准共 8 章，主要内容包括：总则；术语和符号；基本规定；拆除构件法抗连续倒塌能力评估；爆炸作用下抗连续倒塌设计；撞击下抗连续倒塌设计；火灾下抗连续倒塌设计；隔离与防护措施。

　　各有关单位和人员在执行本标准过程中，如有意见和建议，请反馈至上海市住房和城乡建设管理委员会（地址：上海市大沽路 100 号；邮编：200003；E-mail：shjsbzgl@163.com），华东建筑设计研究院有限公司（地址：上海市南车站路 600 弄 18 号；邮编：200011；E-mail：jch_cui@163.com），上海市建筑建材业市场管理总站（地址：上海市小木桥路 683 号；邮编：200032；E-mail：shgcbz@163.com），以便修订时参考。

　　主 编 单 位：华东建筑设计研究院有限公司
　　　　　　　　　同济大学
　　参 编 单 位：上海建筑设计研究院有限公司
　　　　　　　　　上海建工集团股份有限公司
　　　　　　　　　上海交通大学
　　　　　　　　　上海通正铝结构建设科技有限公司
　　　　　　　　　上海机场集团有限公司
　　　　　　　　　上海建筑空间结构工程技术研究中心
　　　　　　　　　上海建科铝合金结构建筑研究院

主要起草人: 王平山　张其林　周　健　崔家春　陈素文
王春江　蒋首超　高振锋　安东亚　李亚明
欧阳元文　　　王晓鸿　肖建庄　邱枕戈
罗晓群　徐晓明　宋振森　尹　建　徐自然

主要审查人: 丁洁民　杨联萍　吴欣之　巢　斯　花炳灿
陈务军　王卓琳

上海市建筑建材业市场管理总站

目 次

Contents

1 总 则

1.0.1 为贯彻国家与本市有关建筑工程法律法规,避免大跨度空间结构在偶然事件中发生连续倒塌破坏,减少人员伤亡及经济损失,特制定本标准。

1.0.2 本标准适用于民用建筑中的大跨度空间结构在建造、使用或改造过程中因爆炸、撞击、火灾、施工不当等偶然事件产生的荷载与作用下的抗连续倒塌设计。

1.0.3 大跨度空间结构抗连续倒塌设计,除应符合本标准外,尚应符合国家、行业和本市现行的有关标准的规定。

2 术语和符号

2.1 术 语

2.1.1 偶然事件 accidental events

在建筑结构建造阶段、使用阶段、加固改造阶段不一定发生，而一旦发生，可能引起建筑结构严重破坏甚至倒塌的事件。

2.1.2 偶然荷载 accidental load

在结构设计使用年限内不一定出现，而一旦出现，其量值很大，且持续时间很短的荷载。

2.1.3 连续倒塌 progressive collapse

因单个构件或局部结构破坏，继而引起其他构件的连续破坏，最终导致与初始局部破坏不成比例的结构破坏。

2.1.4 失效 loss of load-carrying capacity

杆件、节点或支座等结构部件因发生失稳、强度破坏或超过允许变形，不能继续承载而退出工作的状态。

2.1.5 关键构件 key structural component

失效后可能引发结构严重破坏或连续倒塌的结构构件。

2.1.6 剩余结构 remaining structure

利用拆除构件法进行抗连续倒塌分析时，去除选定的构件以后，剩余的结构部分。

2.1.7 撞击荷载 impact load

汽车等快速移动大质量物体撞击建筑时产生的冲击力。

2.1.8 爆炸荷载 blast load

炸药爆炸后形成的冲击波对建筑的动力作用。

2.1.9 超压 overpressure

爆炸产生的压力与大气压的差值。

2.1.10 动态强度增大系数 dynamic increase factor(DIF) for strength

考虑材料强度随应变率的增大而提高的系数。

2.1.11 等效静载法 equivalent static load method

将动荷载简化为静荷载且通过动力系数计算构件动荷载效应的方法。

2.1.12 拆除构件法 alternate load path method

在抗连续倒塌分析时,有选择性地拆除承重构件,然后分析剩余结构的力学响应,根据剩余结构的破坏程度评价结构发生连续倒塌的风险程度。

2.1.13 改进拆除构件法 improved alternate load path method

考虑爆炸对周边构件动力效应的拆除构件法,即考虑爆炸作用下拆除构件周边构件的初始速度、初始位移和初始损伤的分析方法。

2.1.14 直接动力法 direct dynamic time-history analysis method

在整体计算模型中模拟撞击、爆炸、火灾、超载等偶然事件产生的作用,采用非线性动力分析方法进行全过程抗连续倒塌分析的方法。

2.1.15 防撞等级 rating of barrier impact performance

描述隔离阻挡装置防止汽车撞击能力的等级。

2.1.16 风险分析 risk analysis

对建筑物或关键结构构件可能遭受的威胁(爆炸、汽车撞击、非法侵入等)以及可能产生的后果(包括人员伤亡、经济损失、功能影响和社会影响等)进行分析评估。

2.1.17 安全规划 safety planning

为预防可能发生的威胁或减轻威胁可能造成的后果所制定的安全管理系统和防护措施。

2.1.18 隔离阻挡装置 anti-ram device

用于阻抗车辆撞击的建筑防护结构。

2.2 符　号

A ——撞击物体的接触面积（m^2）；

E ——撞击物体的等效弹性模量（kN/m^2）；

f_d ——材料动态强度；

f_s ——材料强度标准值；

G_k ——永久荷载标准值；

k ——撞击物与结构之间的等效刚度（kN/m）；

K_d ——构件的受弯动力系数；

K_S ——构件的剪力动力系数；

L ——撞击物体的长度（m）；

L_c ——荷载组合的设计值；

m ——撞击物的总质量（t）；

P ——物体撞击结构产生的等效撞击荷载（kN）；

$\sum P$ ——各楼面的永久荷载标准值与可变荷载标准值之和；

P_0 ——作用于构件的超压峰值（kPa）；

p_g ——原结构重力荷载产生的被拆除构件端点结构整体坐标下的内力向量；

$p(t)$ ——作用在剩余结构与被拆除构件的连接节点的动力荷载向量时程；

Q_{FS} ——用于构件变形计算的均布等效静荷载标准值（kPa）；

Q_{Lk} ——楼面可变荷载标准值；

Q_{Rk} ——屋面可变荷载标准值；

Q_S ——用于构件剪力计算的均布等效静荷载标准值（kPa）；

R_d ——构件承载力设计值；

S ——荷载效应组合的设计值；

S_{Ad} ——侧向偶然作用效应设计值；

S_d ——荷载组合的效应设计值；

S_{Gk} ——永久荷载效应标准值；

S_k ——雪荷载标准值；

S_{LGk} ——按可变荷载标准值计算的荷载效应；

S_m ——作用效应组合的设计值；

S_{Qk} ——活荷载标准值的效应；

S_{QGk} ——爆炸荷载效应标准值；

S_{Tk} ——火灾下结构的温度作用效应标准值；

S_{Wk} ——风荷载效应标准值；

t ——时间（s）；

t_0 ——正压作用时间（s）；

t_1 ——被拆除构件的失效时间（s）；

t_2 ——动力荷载向量时程作用时间（s）；

Δt ——撞击作用时间（s）；

v ——撞击物的速度（m/s）；

φ_f ——楼面或屋面活荷载的频遇值系数；

φ_q ——楼面或屋面活荷载的准永久值系数；

ψ_{QL} ——楼面可变荷载频遇值系数；

ψ_{QR} ——屋面可变荷载频遇值系数；

ψ_{QS} ——雪荷载准永久值系数；

Ω_N ——竖向荷载动力放大系数；

γ_0 ——结构抗火重要性系数；

γ_{DIF} ——材料动态强度增大系数；

γ_G ——永久荷载分项系数；

γ_{LG} ——可变荷载分项系数；

γ_{QG} ——爆炸荷载分项系数；

γ_{SIF} ——材料强度调整系数；

$[\mu]$ ——允许延性比；

ω_0 ——构件的基本频率（1/s）。

3 基本规定

3.1 一般规定

3.1.1 大跨度空间结构在建造阶段、使用阶段、改造阶段均宜进行抗连续倒塌设计。

3.1.2 大跨度空间结构的抗连续倒塌设计,应以结构概念设计为主、抗连续倒塌分析为辅助手段,结合运营管理采取必要的隔离与防护措施。

3.1.3 大跨度空间结构抗连续倒塌设计宜包括以下内容:

    1 风险分析,确定可能的危险源及影响到的结构构件。

    2 结构体系和构造设计。

    3 关键构件判别与剩余结构抗倒塌性能分析。

    4 偶然荷载作用下构件强度及其防护设计。

    5 必要的建筑隔离阻挡装置设计。

3.1.4 大跨度建筑空间结构按照抗连续倒塌重要性可分为三级。

    一级:特别重要建筑,屋面坍塌将导致极大的人员伤亡或重大社会不良影响,建筑使用功能不能中断。

    二级:重要建筑,人员密集型或屋面坍塌将导致人员伤亡或社会不良影响,一旦发生局部构件失效,建筑使用功能需要尽快恢复。

    三级:一般建筑,非人员密集型或屋面倒塌一般不会造成人员伤亡,社会影响较小。

3.1.5 大跨度空间结构抗连续倒塌设计时,应根据建筑重要性分类和可能发生的偶然事件类型,选择合适的偶然荷载工况、目标构件和分析方法。

3.1.6 大跨度空间结构的抗连续倒塌设计,可考虑恒荷载、活荷载、风荷载和偶然荷载参与组合,对应的荷载组合系数应根据现行国家标准《建筑结构可靠性设计统一标准》GB 50068、《建筑结构荷载规范》GB 50009 的相关规定进行选取。

3.1.7 大跨度空间结构的抗连续倒塌分析,可采用拆除构件法或直接动力分析法。

3.1.8 大跨度空间结构抗连续倒塌分析,宜考虑几何非线性效应;当采用非线性动力分析方法时,宜同时考虑几何非线性和材料非线性效应。

3.1.9 当采用非线性动力方法进行大跨度空间结构抗连续倒塌分析时,宜采用荷载的标准组合,并采用材料强度标准值对构件进行强度校核。

3.1.10 为避免发生偶然事件时建筑结构发生连续倒塌破坏,应采取措施防止建筑结构遭受偶然事件或减小偶然事件对建筑结构的影响,同时应通过抗连续倒塌设计,使建筑结构具有抗连续倒塌能力。

3.1.11 防止建筑结构遭受偶然事件或减小偶然事件对建筑结构的影响,可采取避让、隔离、控制等措施。

3.1.12 大跨度空间结构的建造、改造和拆除,在编制施工方案时应开展抗连续倒塌设计,可根据本标准附录 A 进行。

3.1.13 可采取以下措施降低结构发生连续倒塌的可能性:

1 对关键构件进行保护与隔离,避免偶然事件的发生或降低其可能性。

2 对关键构件进行加强,降低其失效的可能性。

3 调整结构布置,降低结构因构件失效发生连续倒塌的可能性。

3.2 概念设计

3.2.1 大跨度空间结构宜选用冗余度高的结构体系,且应满足以下基本要求:

 1 具有较好整体稳固性。

 2 具备多条传力路径。

 3 具有承受偶然荷载的能力和传递偶然荷载的途径。

 4 关键受力部位应具有较多的冗余约束。

 5 结构构件宜有足够的塑性变形能力。

 6 对防止结构倒塌起关键作用的构件、连接及支座应具有足够的承载力。

 7 下部支撑结构应有较多的冗余度及备用传力途径。

3.2.2 大跨度空间结构的连接宜满足以下要求:

 1 宜采用塑性破坏模式的连接节点,应避免节点发生脆性破坏。

 2 当采用半刚性连接节点时,应在设计分析模型中考虑节点刚度对结构变形和极限承载能力的影响,且应避免节点失效引起结构的连续倒塌。

3.2.3 大跨度空间结构的支座应满足以下要求:

 1 承载力应具备一定的安全储备。

 2 对于重要的承压型支座,应同时具备一定的抗拉承载力;当采用只能承受压力的支座时,应有支座受拉时的应对措施。

 3 可滑移支座设计应预留足够的可滑动距离,并设置可靠的限位装置或防跌落装置。

4 拆除构件法抗连续倒塌能力评估

4.1 一般规定

4.1.1 当不考虑直接遭受外力或作用的首根或首批构件的失效过程时,可采用拆除构件法进行大跨度空间结构的抗连续倒塌分析评估。

4.1.2 采用拆除构件法对大跨度空间结构在偶然事件中的抗连续倒塌能力进行计算评估时,可采取以下步骤:

1 根据风险分析结果初步确定需要拆除的构件。

2 逐个拆除被选择的构件,对拆除构件后的剩余结构进行抗连续倒塌计算。

3 根据剩余结构构件的内力、变形、塑性发展水平,按本标准第 4.4 节的规定判别结构是否满足抗连续倒塌设计要求。

4 当第 3 步的评估结果不能满足要求时,可直接对结构或构件进行调整后再次计算,直至满足要求;也可对拆除的构件进行加强或采用直接动力分析法进行全过程抗连续倒塌分析,再次评估后采取针对性措施。

4.1.3 拆除构件后的剩余结构的抗连续倒塌计算,可根据结构体系特点选用静力弹性、静力弹塑性或动力弹塑性分析方法。

4.1.4 抗连续倒塌分析时,计算模型的几何尺寸、计算参数、边界条件等,应根据结构实际情况确定,各种假定和简化应符合偶然事件发生时结构的实际工作状况。

4.1.5 采用拆除构件法进行抗连续倒塌分析时,应根据被拆除构件的失效特征考虑其对剩余结构可能产生的反向作用。

4.2 拆除构件选择

4.2.1 采用拆除构件法进行大跨度空间结构抗连续倒塌设计时，宜选择经初步风险分析判断得到的关键构件。

4.2.2 大跨度空间钢结构可选择下列构件作为被拆除构件：

    1 下部支撑结构的角柱、中柱等承重构件。

    2 屋盖结构靠近支座的构件、受力较大的构件或特殊节点。

    3 代表性支座。

4.2.3 当偶然事件较为明确时，也可根据以下原则确定被拆除构件：

    1 根据建筑内的可燃物数量、燃烧速率及蔓延可能性结合标准升温曲线确定，也可取为耐火时间要求较高的构件。

    2 根据爆炸可能发生位置和构件抗爆炸分析的结果确定。

    3 根据交通流线规划情况对汽车可能到达的位置进行判断后确定。

4.3 计算分析

4.3.1 抗连续倒塌分析应建立三维有限元模型。材料模型根据不同方法，应符合如下要求：

    1 采用静力弹性方法时，可采用考虑线弹性材料的计算模型。

    2 采用静力弹塑性方法或动力弹塑性方法时，应建立考虑材料非线性的应力-应变模型或构件非线性力-变形模型。

4.3.2 采用静力方法进行抗连续倒塌计算时，荷载施加应符合如下要求：

    1 通过等效方法考虑动力效应的放大，可对相关影响区域的重力荷载乘以动力系数后再进行效应计算。

2 在拆除构件的剩余结构上分步施加楼面(屋面)重力荷载以及水平荷载进行结构计算。

4.3.3 采用动力弹塑性方法进行抗连续倒塌计算时，应符合下列规定：

1 通过动力荷载向量作用过程模拟直接考虑动力效应。

2 采用剩余结构的阻尼。

3 时程分析的积分步长应满足计算精度的要求。

4.3.4 采用动力弹塑性方法进行抗连续倒塌计算时，剩余结构作用的动力荷载向量时程可按下列规定确定：

1 作用点为剩余结构与被拆除构件的连接节点。

2 作用方向与原结构重力荷载产生的被拆除构件端点内力设计值向量的方向相反。

3 荷载向量时程可按下式确定：

$$p(t) = \begin{cases} p_g(1 - t/t_1) & (0 \leqslant t \leqslant t_1) \\ 0 & (t_1 \leqslant t \leqslant t_2) \end{cases} \quad (4.3.4)$$

式中：$p(t)$ ——作用在剩余结构与被拆除构件的连接节点的动力荷载向量时程；

p_g ——原结构重力荷载产生的被拆除构件端点结构整体坐标下的内力向量；

t ——时间；

t_1 ——被拆除构件的失效时间，即动力荷载向量由 p_g 减至 0 的时间，不大于 $0.1T_1$，T_1 为剩余结构的基本周期；

t_2 ——动力荷载向量时程作用时间，通过试算确定，可计算到结构响应基本趋于稳定。

4.3.5 采用动力弹塑性方法进行抗连续倒塌分析时，应首先采用静力方法在原结构上分步施加重力荷载与水平荷载的组合，在此受力状态下采用动力弹塑性方法模拟杆件失效后剩余结构的响应。

4.4 能力评估

4.4.1 采用静力弹性方法进行大跨度空间结构抗连续倒塌计算时,通过验算剩余结构构件的承载力来评估结构体系的抗连续倒塌能力。

4.4.2 采用弹塑性分析方法进行结构抗连续倒塌计算时,结构倒塌失效判断标准如下:

1 侧向失效。主要竖向构件侧向位移角超过限值:框架柱为 1/30,排架柱为 1/20,剪力墙为 1/70。

2 竖向失效。屋盖竖向变形与跨度的比值超过限值,且超过区域的面积比例达到 30% 以上:单层网壳和格构式拱结构为 1/150,网架为 1/120,立体桁架为 1/60。

4.4.3 构件的失效可采用以下判别标准:

1 水平构件:钢梁的塑性转角超过 Max(1/50,跨高比/200);钢筋混凝土梁塑性转角超过 1/25;竖向变形呈发散趋势或影响安全使用。

2 竖向构件:失稳;压弯破坏的混凝土构件混凝土压应变超过极限应变,或钢筋拉应变超过 12 倍屈服应变;钢构件塑性应变超过 12 倍屈服应变。

4.4.4 当拆除某支撑构件不能满足结构抗连续倒塌设计要求时应调整方案或采取加强防护措施。当采用加强措施时,可在该构件表面附加 80 kN/m² 侧向偶然作用设计值,此时其承载力应满足下列公式要求:

$$R_d \geqslant S_d \qquad\qquad (4.4.4-1)$$

$$S_d = S_{Gk} + 0.6 S_{Qk} + S_{Ad} \qquad\qquad (4.4.4-2)$$

式中:R_d ——构件承载力设计值;

S_d ——荷载组合的效应设计值;

S_{Gk} ——永久荷载效应标准值；

S_{Qk} ——活荷载标准值的效应；

S_{Ad} ——侧向偶然作用效应设计值。

5 爆炸作用下抗连续倒塌设计

5.1 一般规定

5.1.1 符合下列条件之一的大跨度空间结构应进行抗爆炸连续倒塌设计：

    1 抗连续倒塌重要性等级为一级。

    2 抗连续倒塌重要性等级为二级且爆炸危险性较大。

5.1.2 抗爆炸倒塌设计可按下列步骤进行：

    1 通过爆炸风险分析确定抗爆目标构件和设计爆炸荷载。

    2 对目标构件进行抗爆分析，如构件不失效，可判断结构满足抗爆炸倒塌设计；否则，可按第 3 步进行结构抗连续倒塌分析，或按第 4 步重新进行抗爆炸倒塌设计。

    3 采用拆除构件法、改进的拆除构件法或直接动力法进行结构抗连续倒塌分析，如满足抗爆炸倒塌设计要求，则结束；否则，按第 4 步重新进行抗爆炸倒塌设计。

    4 通过提升防爆措施、调整结构布置、加强构件等方式提高建筑防爆能力，重新进行抗爆炸倒塌设计。

5.1.3 大跨度空间结构抗爆炸倒塌分析可采用拆除构件法、改进的拆除构件法或直接动力法。当爆炸对失效构件周边构件可能产生较严重影响时，可采用改进的拆除构件法或直接动力法进行抗连续倒塌分析。当采用改进的拆除构件法时，应首先施加结构初始条件和构件初始损伤以模拟爆炸荷载对周边构件影响，再在此基础上进行拆除构件法分析。

5.1.4 对于抗连续倒塌重要性为一级的大跨度空间结构,宜采用直接动力法全过程模拟爆炸作用和结构动力响应。

5.1.5 改进的拆除构件法分析步骤如下:

1 建立结构的有限元模型。

2 对结构施加本标准第 5.1.6 条规定的荷载,并使结构达到静力平衡。

3 确定炸药起爆位置和爆炸当量。

4 确定要移除的目标构件,以及作用在移除构件周围构件上的爆炸荷载。

5 通过构件抗爆分析,确定移除构件周围构件的初始损伤。

6 移除目标构件,同时对周围构件施加初始速度和初始位移,对构件损伤区域的材料属性进行修正。

7 继续按常规的拆除构件法进行分析。

5.1.6 采用拆除构件法或改进拆除构件法进行结构抗连续倒塌分析时,荷载组合的设计值应按下式计算:

$$L_c = \Omega_N \{\gamma_G G_k + \psi_{QL} Q_{Lk} + \psi_{QR} Q_{Rk} \text{ 或 } \psi_{QS} S_k)\} + 0.002 \sum P$$
(5.1.6)

式中:L_c ——荷载组合的设计值;

γ_G ——永久荷载的分项系数,当其效应对结构不利时可取 1.3,有利时可取 0.9;

ψ_{QL} ——楼面可变荷载频遇值系数,按现行国家标准《建筑结构荷载规范》GB 50009 的有关规定取值;

ψ_{QR} ——屋面可变荷载频遇值系数,按现行国家标准《建筑结构荷载规范》GB 50009 的有关规定取值;

ψ_{QS} ——雪荷载准永久值系数,按现行国家标准《建筑结构荷载规范》GB 50009 的有关规定取值;

G_k ——永久荷载标准值;

Q_{Lk} ——楼面可变荷载标准值;

Q_{Rk} ——屋面可变荷载标准值；

S_k ——雪荷载标准值；

Ω_N ——竖向荷载动力放大系数（当采用线性静力法时，对拆除构件相连跨且位于拆除构件以上楼层的构件取 2.0，其他位置构件取 1.0；采用非线性静力法时，对拆除构件相连跨且位于拆除构件以上楼层的钢结构构件取 1.35，混凝土框架结构构件取 1.5，混凝土剪力墙结构构件取 2.0，其他位置构件取 1.0；当采用非线性动力法和改进拆除构件法时，所有构件均取 1.0）；

$\sum P$ ——各楼面的永久荷载标准值与可变荷载标准值之和。

5.2 爆炸荷载

5.2.1 设计爆炸荷载的当量和爆炸位置，应根据建筑所在地社会环境、爆炸物管控制度、建筑及周边环境、建筑功能布局、防爆减爆措施等情况，通过爆炸风险分析确定。

5.2.2 爆炸荷载应按三硝基甲苯（TNT）炸药爆炸产生的冲击波效应进行计算。其他炸药种类应换算成等效 TNT 当量。

5.2.3 对于非近距离室外爆炸，作用在封闭矩形建筑物的前墙、侧墙及屋面、后墙上的爆炸荷载，其正压作用按图 5.2.3 所示的规律变化，结构抗爆分析时可不考虑其负压作用。相关取值见本标准附录 B。

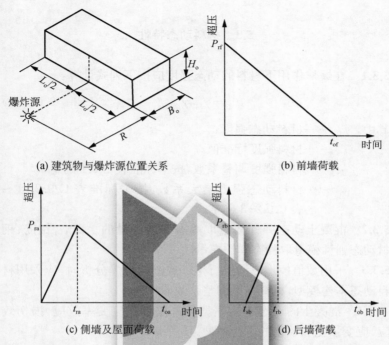

(a) 建筑物与爆炸源位置关系　　　(b) 前墙荷载

(c) 侧墙及屋面荷载　　　(d) 后墙荷载

L_o—前墙长度(m)；B_o—侧墙长度(m)；H_o—建筑高度(m)；P_{rf}—前墙正压作用超压峰值(kPa)；t_{of}—前墙正压作用结束时间(s)；P_{ra}—侧墙和屋面正压作用超压峰值(kPa)；t_{ra}—侧墙和屋面正压作用升压时间(s)；t_{oa}—侧墙和屋面正压作用结束时间(s)；P_{rb}—后墙正压作用超压峰值(kPa)；t_{sb}—后墙正压作用开始时间(s)；t_{rb}—后墙正压作用升压时间(s)；t_{ob}—后墙正压作用结束时间(s)

图 5.2.3　封闭矩形建筑物上的爆炸荷载

5.2.4 当满足以下条件时，宜采用试验或数值方法确定作用于构件的爆炸荷载：

1 爆炸物周边情况复杂。

2 爆炸冲击波受障碍物阻挡后发生不规则反射或折射。

3 近距离爆炸。

4 接触爆炸。

5.3 材料动态特性

5.3.1 在爆炸作用下材料的动态强度应按下列式计算:

$$f_d = \gamma_{SIF} \gamma_{DIF} f_s \tag{5.3.1}$$

其中,f_d ——材料动态强度;

$\quad f_s$ ——材料强度标准值;

$\quad \gamma_{SIF}$ ——材料强度调整系数,按本标准表 C.0.1 确定;

$\quad \gamma_{DIF}$ ——材料动态强度增大系数,按本标准表 C.0.2-1~表 C.0.2-3 确定。

5.3.2 混凝土动态弹性模量取静态弹性模量的 1.2 倍,钢筋、钢材动态弹性模量取静态弹性模量。

5.3.3 采用数值模拟方法进行构件或结构抗爆分析时,应采用材料动态本构模型,材料强度调整系数取 1.0。

    1 混凝土的动态本构模型可采用考虑应变率效应、损伤效应、应变强化和软化的本构模型。

    2 钢筋和钢材的动态本构模型可采用双线性随动强化模型,或采用考虑应变率效应和损伤效应的本构模型。

5.3.4 采用数值模拟方法进行构件或结构抗爆分析时,混凝土、钢筋和钢材的动态强度增大系数可按本标准附录第 C.0.3~C.0.6 条确定。

5.4 构件抗爆分析

5.4.1 结构构件抗爆分析应包括抗剪承载力验算和变形验算。

5.4.2 构件抗爆分析可采用等效静载法或非线性动力分析法;近距离爆炸或接触爆炸时,应采用试验法或非线性动力分析法。

5.4.3 构件抗爆分析时,荷载效应组合应按下式计算:

$$S = \gamma_{QG} S_{QGk} + \gamma_G S_{Gk} + \sum_{i=1}^{n} \gamma_{LG} S_{LGk} \qquad (5.4.3)$$

式中: S ——荷载效应组合的设计值;

γ_{QG} ——爆炸荷载分项系数,取 1.0;

S_{QGk} ——爆炸荷载效应标准值;

γ_G ——永久荷载分项系数,当其效应对结构不利时取 1.0,
有利时取 0.9;

S_{Gk} ——按永久荷载标准值计算的荷载效应;

γ_{LG} ——可变荷载分项系数,第 1 个可变荷载取频遇值系数,
其余可变荷载取准永久值系数,按现行国家标准《建
筑结构荷载规范》GB 50009 规定取值;

S_{LGk} ——按可变荷载标准值计算的荷载效应,风荷载不参加
组合。

5.4.4 采用等效静载法计算构件变形和剪力时,作用于构件的爆
炸作用分别按式(5.4.4-1)和式(5.4.4-2)将图 5.2.3 确定的超压
峰值简化为均布静荷载;构件材料参数采用动态强度和动态弹性
模量。

$$Q_{ES} = K_d P_0 \qquad (5.4.4-1)$$

$$Q_S = K_S P_0 \qquad (5.4.4-2)$$

$$K_d = \left[\frac{2}{\omega_0 t_0} \sqrt{2[\mu] - 1} + \frac{2[\mu] - 1}{2[\mu]\left(1 + \dfrac{4}{\omega_0 t_0}\right)} \right]^{-1} \qquad (5.4.4-3)$$

式中: Q_{ES} ——用于构件变形计算的均布等效静荷载标准值
(kPa);

Q_S ——用于构件剪力计算的均布等效静荷载标准值
(kPa);

K_d —— 构件的受弯动力系数；

K_s —— 构件的剪力动力系数，按图 5.4.4 确定；

P_0 —— 作用于构件的超压峰值(kPa)；

ω_0 —— 构件的基本频率(1/s)；

t_o —— 正压作用时间(s)，前墙取 t_{of}，侧墙和屋面取 t_{oa}，后墙取 $t_{ob} - t_{sb}$；

$[\mu]$ —— 允许延性比，按本标准第 5.4.6 条确定。

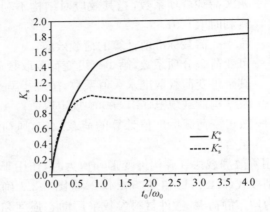

K_s^+—正向剪力动力系数；K_s^-—负向剪力动力系数

图 5.4.4 剪力动力系数

5.4.5 采用数值模拟方法进行构件抗爆分析时，爆炸作用可按本标准第5.2.3 条或第 5.2.4 条确定，构件材料宜按本标准第5.3.3条采用动态本构模型。

5.4.6 结构构件的变形超过表 5.4.6 规定的允许弹塑性转角或允许延性比，可认为结构构件失效。

表 5.4.6　结构构件的允许变形值

结构构件	允许变形	允许变形值
钢筋混凝土柱、钢筋混凝土墙（平面外）	弹塑性转角[θ]	2°(0.035 rad)
	延性比[μ]	4
钢筋混凝土梁	弹塑性转角[θ]	4°(0.07 rad)
	延性比[μ]	8
钢筋混凝土板	弹塑性转角[θ]	8°(0.14 rad)
	延性比[μ]	16
钢柱	弹塑性转角[θ]	2°(0.035 rad)
	延性比[μ]	8
钢梁	弹塑性转角[θ]	8°(0.14 rad)
	延性比[μ]	20

5.5　直接动力法

5.5.1　结构分析应按本标准第 5.3.3 条采用材料的动态本构模型，阻尼比可按构件材料取值：钢筋混凝土构件 0.05，钢构件 0.02，型钢混凝土构件 0.035。

5.5.2　永久荷载和可变荷载组合的设计值应按下式计算：

$$L_c = \gamma_G G_k + \psi_{QL} Q_{Lk} + \max(\psi_{QR} Q_{Rk},\ \psi_{QS} S_k) \quad (5.5.2)$$

式中：

L_c——荷载组合的设计值；

γ_G——永久荷载的分项系数，当其效应对结构不利时可取 1.3，有利时可取 0.9；

$\psi_{QL}, \psi_{QR}, \psi_{QS}$——楼面可变荷载频遇值系数、屋面可变荷载频遇值系数、雪荷载准永久值系数，均按现行国家标准《建筑结构荷载规范》GB 50009 规定采用；

G_k——永久荷载标准值；

Q_{Lk}——楼面可变荷载标准值；

Q_{Rk} ——屋面可变荷载标准值；

S_k ——雪荷载标准值。

5.5.3 直接动力法可按下列步骤进行：

    1 假定结构为刚体，建立炸药、空气和刚体结构的数值模型。

    2 模拟爆炸冲击波的传播过程，确定作用于刚体结构的爆炸荷载。

    3 建立结构的数值模型，按本标准第 5.5.2 条施加荷载。

    4 对结构施加爆炸荷载，进行动力分析。

    5 根据分析结果判断结构是否发生连续倒塌。

5.6 提高措施

5.6.1 应从减小爆炸威胁和加强结构抗爆能力两个方面提高大跨空间结构的抗爆炸连续倒塌能力。

5.6.2 可采取下列措施减小爆炸对结构的威胁：

    1 加强安检措施，增大建筑防护安全距离。

    2 设置隔离阻挡装置，阻止爆炸物靠近关键结构构件。

    3 设置防爆墙等防护设施，避免关键结构构件直接承受爆炸作用。

5.6.3 可采取下列措施提高结构抗爆能力：

    1 增加结构替代传力路径，形成冗余度高的结构形式。

    2 优化结构布置或增强连接性能，提高结构整体性。

    3 通过外包钢板、改进截面设计等措施提高关键构件的抗爆性能。

    4 通过减小构件迎爆面、设置吸能缓冲层等减爆措施，降低关键构件承受的爆炸荷载。

6 撞击下抗连续倒塌设计

6.1 一般规定

6.1.1 同时符合下列条件的大跨度空间结构,应进行撞击下的抗连续倒塌设计:

    1 抗连续倒塌重要性等级为一级、二级。

    2 承重构件暴露于车辆可撞击范围。

6.1.2 大跨度空间结构的抗撞击倒塌设计,应进行风险分析和安全规划设计,减少汽车撞击发生的概率。

6.1.3 撞击下抗连续倒塌设计可按下列步骤进行:

    1 通过风险分析撞击发生的可能位置和撞击路线、撞击角度,确定撞击荷载和抗撞击构件。

    2 根据结构体系和撞击荷载特征,选择合适的分析方法。当撞击力对结构整体可能产生较大破坏或变形时,进入第 5 步,否则进入第 3 步。

    3 采用拆除构件法进行抗连续倒塌分析,如果结构整体安全,则抗撞击倒塌设计结束;如果存在连续倒塌的危险,则进入下一步骤,对可能失效的构件进行抗撞击能力分析,或提出相应的隔离、保护措施。

    4 计算汽车撞击荷载的大小、位置和作用方向,对可能失效构件进行抗撞击分析。如果构件不失效,则结构满足抗撞击倒塌设计要求;如果构件失效,则对失效构件进行重新设计或采取其他技术和管理措施。

    5 采用直接动力法进行全过程抗撞击倒塌分析。

6 根据分析结果进行抗连续倒塌能力评估,并提出优化措施。

6.1.4 大跨空间结构的抗撞击倒塌设计应采取的一般原则:

1 应包括构件抗撞击设计和结构抗撞击连续倒塌设计。

2 可选取与基础直接连接或支座底面标高小于 1.5 m 的构件进行抗撞击分析。

3 可采用等效静力荷载或直接动力荷载进行构件的抗撞击能力分析。

4 根据可能的汽车类型、撞击速度、撞击方向等因素,确定撞击荷载的大小。

5 根据撞击荷载和结构特性选择撞击分析方法。

6 根据分析结果,对构件重要性进行分类,并采取相应的技术和管理措施。

6.1.5 采用等效静力荷载进行汽车撞击倒塌分析时,动力放大系数可取 2.0。

6.1.6 抗撞击分析时,应分别独立考虑正向撞击和侧向撞击两种工况。

6.1.7 汽车撞击作用下的结构抗连续倒塌分析,可采用线性静力分析方法、非线性静力分析方法或非线性动力分析方法。

6.2 撞击荷载

6.2.1 应根据撞击高度、总质量、撞击速度、撞击角度等因素确定汽车撞击荷载。

6.2.2 对普通轿车和卡车,可根据表 6.2.2 选用撞击荷载标准值。

表 6.2.2 汽车撞击荷载的标准值

序号	汽车类型	正向撞击荷载 (kN)	侧向撞击荷载 (kN)	撞击力作用位置 (m)
1	普通轿车	50	25	路面以上 0.5
2	卡车	1 500	750	路面以上 0.5～1.5

6.2.3 撞击荷载可采用下式进行简化计算：

$$P = mv/\Delta t \qquad (6.2.3-1)$$

$$\Delta t = \sqrt{m/k} \qquad (6.2.3-2)$$

$$k = EA/L \qquad (6.2.3-3)$$

其中：P——物体撞击结构产生的等效撞击荷载(kN)；

v——撞击物的速度(m/s)；

k——撞击物与结构之间的等效刚度(kN/m)；

m——撞击物的总质量(t)；

Δt——撞击作用时间(s)；

E——撞击物体的等效弹性模量(kN/m^2)；

A——撞击物体的接触面积(m^2)；

L——撞击物体的长度(m)。

6.2.4 当撞击荷载较大或被撞击处结构刚度较弱时，在计算撞击荷载时应考虑被撞击部位的结构刚度以及撞击发生处构件的塑性变形。被撞击处的结构刚度应根据相关专业数据或试验等研究确定。

6.3 构件抗撞击分析

6.3.1 结构构件抗撞击分析应包括抗弯承载力、抗剪承载力和变形验算。

6.3.2 可以把目标构件单独建模进行抗撞击分析，但边界与荷载条件应与其在整体结构中的情况一致。

6.3.3 构件抗撞击分析可采用等效静载法或非线性动力分析法。采用等效静载法，应按本标准第 4 章抗倒塌验算的相关公式计算；对于大吨位汽车撞击或高速撞击，应采用非线性动力分析法或试验验证法。

6.3.4 采用非线性动力分析方法时，作用于构件的撞击动力按本标准第 6.2 节确定,构件材料参数宜采用动态强度和动态弹性模量。

6.3.5 采用非线性动力分析方法时,应先施加使用阶段荷载,然后进行撞击荷载的非线性动力分析,分析时间不少于被撞击构件第一阶自振周期的 5 倍。

6.3.6 在撞击荷载作用下,可按本标准第 4.4 节对构件进行失效判断和能力评估。

6.4 直接动力法

6.4.1 大吨位汽车撞击、高速撞击、水平撞击对结构局部或整体可能产生较大破坏或变形时,应采用直接动力法进行抗撞击倒塌分析,以考虑撞击碰撞对结构整体受力的影响。

6.4.2 采用直接动力法进行抗撞击倒塌分析时,应采用非线性单元模型和材料本构模型。

6.4.3 采用直接动力法进行抗撞击倒塌分析时,应先施加正常使用阶段的静荷载并进行计算,然后进行撞击荷载的非线性动力分析。

6.5 提高措施

6.5.1 抗撞击连续倒塌设计时,应选用水平抗力冗余度高的结构体系。

6.5.2 对关键承重构件可采用钢-混凝土组合的截面形式,提高其抗撞击能力。

6.5.3 抗撞击倒塌设计时,应考虑主要受力构件的反向荷载作用,特别是拉杆在撞击荷载作用下变为压杆的情形,要通过设计防止撞击荷载下杆件屈曲的发生。

6.5.4 可对重点构件采用隔离、设置防撞设施等措施,避免其遭受汽车撞击,或提高抗撞击能力。

7 火灾下抗连续倒塌设计

7.1 一般规定

7.1.1 符合下列条件之一的大跨度空间结构应进行抗火灾连续倒塌设计：

  1 火灾危险性较大。

  2 抗连续倒塌重要性等级为一级、二级。

7.1.2 抗火灾连续倒塌设计的目标为：火灾时，在设计要求的耐火极限内，结构不发生连续倒塌。

7.1.3 大跨度建筑结构的抗火灾连续倒塌设计可以采用拆除构件法和全过程分析法，当采用拆除构件法时，剩余结构的荷载动力放大系数可取 1.0。

7.2 设计参数

7.2.1 大跨度建筑结构抗火灾连续倒塌设计时的设计火灾场景可按以下原则选取：

  1 建筑空间不符合大空间的特性时，采用标准火灾。

  2 建筑空间符合大空间特性时，采用考虑建筑内可燃物数量与燃烧特性、空间几何特性和建筑物理特性的设计火灾场景。

7.2.2 火灾作用的范围可按以下原则选取：

  1 大跨度建筑内的独立功能区间范围。

  2 大跨度建筑内的防火分隔区间范围。

7.2.3 设计火灾作用的持续时间可按下列原则确定：

1 采用拆除构件法进行设计时,根据建筑内的可燃物数量、燃烧速率及蔓延可能性,结合标准升温曲线确定,也可取结构构件耐火极限要求的较大值。

2 采用全过程分析法进行设计时,根据建筑内的可燃物数量、燃烧速率及火灾蔓延情况确定,也可取设计要求的结构构件耐火极限的较大值的 1.3 倍。

7.2.4 结构构件的温度根据设计火灾的升温曲线,由传热学原理计算得到,钢构件的温度可根据现行国家标准《建筑钢结构防火技术规范》GB 51249 中的方法确定。

7.2.5 进行抗火灾连续倒塌设计时,应按偶然设计工况进行荷载效应组合,采用下列较不利的设计表达式:

$$S_m = \gamma_0(S_{Gk} + S_{Tk} + \varphi_f S_{Qk}) \tag{7.2.5-1}$$

$$S_m = \gamma_0(S_{Gk} + S_{Tk} + \varphi_q S_{Qk} + 0.4 S_{Wk}) \tag{7.2.5-2}$$

式中:S_m ——作用效应组合的设计值;

S_{Gk} ——永久荷载效应标准值;

S_{Tk} ——火灾下结构的温度作用效应标准值;

S_{Qk} ——楼面或屋面活荷载效应标准值;

S_{Wk} ——风荷载效应标准值;

φ_f ——楼面或屋面活荷载的频遇值系数,按现行国家标准《建筑结构荷载规范》GB 50009 的规定取值;

φ_q ——楼面或屋面活荷载的准永久值系数,按现行国家标准《建筑结构荷载规范》GB 50009 的规定取值;

γ_0 ——结构抗火重要性系数,对于重要性等级为一级的建筑取 1.15,对于其他建筑取 1.05。

7.2.6 计算结构的承载力和刚度时,结构材料的力学特性可根据现行国家标准《建筑钢结构防火技术规范》GB 51249 或本标准附录 D 确定。

7.3 抗火灾连续倒塌计算

7.3.1 采用拆除构件法进行抗火灾连续倒塌计算时，应符合下列规定：

1 根据构件的温度和构件的组合效应，对结构的构件进行失效判定。

2 拆除火灾持续时间内抗力小于组合效应或温度大于临界温度的构件。

3 对拆除构件后的结构进行结构分析与承载力验算，验算时应考虑温度对构件效应和抗力的影响。

7.3.2 采用全过程分析法进行抗火灾倒塌计算时，应符合系列规定：

1 应考虑热膨胀、材料力学特性随温度变化对火灾下结构反应的影响。

2 应选择最不利的设计火灾场景，并考虑降温过程中的不利影响。

3 同一防火分区内各构件降温过程中的温度按比例同步从最高温度降低至受火前的温度。

4 应考虑几何非线性、材料非线性的影响，结构中如有构件失效，其承担的荷载应分配到相邻构件上。

7.4 提高措施

7.4.1 可以通过下列措施降低火灾下大跨度建筑结构的连续倒塌风险：

1 减少建筑内的可燃物数量，降低建筑内物品的燃烧性能。

2 在建筑内设置主动灭火措施。

3 增加结构的传力路径。

4 提高受火构件的耐火极限。

5 增加构件的承载力余量。

6 提高连接的抗火性能。

7.4.2 对于钢筋混凝土构件,可采用下列措施提高其抗火灾倒塌能力:

1 对构件进行防火保护或加大防火保护程度。

2 增加构件截面尺寸。

3 增加构件钢筋保护层厚度。

7.4.3 对于钢或其他金属材料构件和连接,可采用下列措施提高其抗火灾倒塌能力:

1 提高构件、连接和支座的防火保护程度。

2 增大构件截面。

3 增加连接强度。

8 隔离与防护措施

8.1 一般规定

8.1.1 大跨度空间结构的隔离与防护措施包括建筑外围隔离阻挡装置和结构构件的防护装置。

8.1.2 抗连续倒塌重要性等级为一级或二级的建筑,应进行风险分析和安全规划,并确定建筑外围隔离阻挡装置的布置和防撞等级。必要时,可设置结构构件的防护措施。

8.1.3 抗连续倒塌重要性等级为三级的建筑,可在建筑外围设置隔离阻挡装置,或在重要结构构件周围设置防护措施。

8.2 隔离阻挡装置

8.2.1 隔离阻挡装置的设计原则:

    1 隔离阻挡装置应根据防撞等级设计。

    2 隔离阻挡装置可采用防撞墩或防撞墙。

    3 防撞墩可采用固定式或可移动式、可自动升降式、可折叠式等非固定式。

    4 隔离阻挡装置兼作交通护栏时,还应满足交通护栏相关设计要求。

8.2.2 外围隔离阻挡装置的防撞等级划分为 L1、L2、L3、M1、M2、M3、H1、H2 和 H3 九级。各防撞等级对应的碰撞条件和碰撞动能可按表 8.2.2 采用。

表 8.2.2　隔离阻挡装置的防撞等级划分

防撞等级	碰撞条件		碰撞动能 (kJ)
	车辆类型 (车辆质量)	碰撞速度 (km/h)	
L1	轿车 (1 500 kg)	65	222~245
	轻型卡车 (2 300 kg)	50	
L2	轿车 (1 500 kg)	80	370~375
	轻型卡车 (2 300 kg)	65	
L3	轿车 (1 500 kg)	100	568~579
	轻型卡车 (2 300 kg)	80	
M1	中型卡车 (6 800 kg)	50	656
M2		65	1 110
M3		80	1 680
H1	重型卡车 (25 000 kg)	50	2 411
H2		65	4 075
H3		80	6 173

8.2.3　隔离阻挡装置可基于试验或计算分析的结果进行设计。当车辆侵入距离不大于 0 m 时,可以认为隔离阻挡装置达到设计所需的防撞等级。

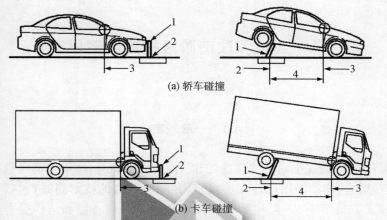

(a) 轿车碰撞

(b) 卡车碰撞

1—隔离阻挡装置；2—背撞面底部；3—车辆关键部位；4—车辆侵入距离

图 8.2.3 车辆侵入距离定义

8.3 结构构件防护装置

8.3.1 应进行关键结构构件的风险分析，确定关键结构构件的防护需求，设计防护装置。

8.3.2 结构构件的防护装置可选用隔离装置、加强装置和防撞减爆装置。

8.3.3 防护装置可基于试验或计算分析的结果进行设计。

附录 A　建造和改造阶段抗连续倒塌设计

A.1　一般规定

A.1.1　大跨度空间结构建造、加固、改造及拆除时，施工方案应包含结构抗连续倒塌设计相关内容，并制定明确的技术路线，包括施工工况、工序安排、主要机械及其他施工荷载布置和结构受力分析，并应考虑施工次序、位移、温度变化、初始应力或残余应力等因素的影响。

A.1.2　大跨度空间结构加固、改造前，应对原结构进行可靠性鉴定，并作为确定技术路线的依据，其内容宜包含下列内容：

　　1　建筑结构改动历史、建筑使用现状、构件变形、损伤状况、支座情况、沉降变形等。

　　2　主要结构材料力学性能。

　　3　抗震验算、结构安全性评定。

　　4　周边环境安全影响因素分析。

　　5　特殊结构应进行专项试验。

A.1.3　大跨度空间结构加固、改造阶段，应由第三方机构进行结构检测和监测，检测单位应根据设计要求编制专项检测和和监测方案。

A.1.4　在建造及加固、改造阶段，主体结构构件和临时设施结构构件的承载力应符合下列公式：

$$\gamma_0 S_d \leqslant R_d \tag{A.1.4}$$

式中：S_d——荷载组合的效应设计值；

R_d ——结构构件的承载力设计值；

γ_0 ——结构重要性系数，主体结构构件不应小于 1.0,临时
设施结构构件可取 0.9~1.0。

A.2 结构建造过程抗连续倒塌设计

A.2.1 大跨度空间结构建造过程的抗连续倒塌设计应包括建造
过程的主体结构和临时支撑结构，并进行施工过程模拟分析。

A.2.2 大跨度空间结构施工验算模型的边界条件应与实际相符。

A.2.3 施工过程中应对临时支撑、地基承载力、附着在永久结构
上的施工设施进行计算分析，并防止连续倒塌的发生。

A.2.4 建造过程中的抗连续倒塌设计应考虑周边条件实施的影
响，施工单位编制的实施方案应和设计工况一致。

A.2.5 当采用多机联动共同作业、结构平移和提(顶)升等施工工
艺时，施工前应分析个别施工机械或机具失效，以及平移和提
(顶)升过程中不同步效应的影响，避免结构在施工过程中发生连
续倒塌。

A.3 结构加固、改造施工阶段抗连续倒塌设计

A.3.1 大跨度空间结构改造、加固宜遵循先加固后拆除的施工顺
序。当采取先拆除、后加固改造时，应对拆除过程进行抗连续倒
塌分析。

A.3.2 既有建筑改造时，应在结构鉴定的基础上分析初始变形对
改造后结构受力的影响，且宜采用施工模拟分析方法。

A.3.3 大跨度空间结构加固、改造施工过程抗连续倒塌设计的荷
载效应组合，可按如下公式确定：

$$S_d = \eta_d(S_{Gk} + \sum \phi_{qi}S_{qi,k}) + \phi_w S_{Wk} \qquad (A.3.3)$$

式中：S_d——荷载效应设计值；

S_{Gk}——永久荷载效应标准值；

$S_{qi,k}$——竖向可变荷载效应标准值；

S_{Wk}——风荷载效应标准值；

ϕ_{qi}——第 i 个竖向可变荷载的准永久值系数；

ϕ_w——风荷载组合值系数，取 0.2；

η_d——动力放大系数，当构件直接与被拆除竖向构件相连时取 2.0，其他构件取 1.0。

A.3.4 主体结构拆除或改建工程的施工方案，应符合下列规定：

1 施工前应通过施工过程分析评估拆除工艺、拆除流程的合理性和安全性。

2 拆除过程中，应重点监测相邻、相关结构的稳定性和已有损伤的重要构件的安全性。

3 在拆建或拆建与增层交替施工的过程中，应对拆建前、拆建中、拆建后、增层施工中等关键工况进行整体和局部的应力、变形预分析、监测和控制。

4 应对基础沉降及围护结构的裂缝进行监测。

A.3.5 对改变结构传力路径的改造施工，应对下列内容进行监测和控制：

1 改造部位主要构件的变形和应力。

2 临时支撑结构的变形和应力。

3 整个卸载过程的变形和应力。

A.3.6 大跨度空间结构施工出现下列状况时，应立即停止施工，并应在查清原因且明确下一步方案后方可重新开始施工：

1 现场出现原建筑结构检测鉴定报告中未涉及的影响结构安全的情况。

2 现场条件与设计假设工况不符。

3 现场条件与施工过程分析假设工况不符。

4 在无重大施工状态和荷载变化的情况下，监测结果突变。

5 主要项目的监测数据超过预警值。

A.3.7 大跨度空间结构加固、改造阶段,应采取下列防连续倒塌措施:

1 建筑中的可爆物应全部移出或彻底清除。

2 建筑中的可燃物宜全部移出,当不能全部移出时,除应按相关规定设置临时消防设施或消防防护措施外,尚宜按本标准第7章的规定进行抗火灾连续倒塌判别。

A.3.8 具有复杂性或特殊性工艺的改造、拆除施工项目,应进行施工过程的抗连续倒塌专项评审。

附录 B 封闭矩形建筑物的前墙、侧墙及屋面、后墙上的爆炸荷载参数

B.0.1 室外爆炸荷载应根据目标墙面的比例距离确定。不同目标墙面的比例距离应分别按式(B.0.1-1)~式(B.0.1-4)计算:

  1 前墙:

$$Z_f = \frac{R}{W^{1/3}} \tag{B.0.1-1}$$

  2 侧墙:

$$Z_{a1} = \frac{\sqrt{R^2 + \left(\frac{L_o}{2}\right)^2}}{W^{1/3}} \tag{B.0.1-2}$$

  3 屋面:

$$Z_{a2} = \frac{\sqrt{R^2 + (H_o)^2}}{W^{1/3}} \tag{B.0.1-3}$$

  4 后墙:

$$Z_b = \frac{R + B_o}{W^{1/3}} \tag{B.0.1-4}$$

式中:W——等效 TNT 当量(kg)。

B.0.2 作用在前墙上的超压峰值 P_{rf} 应按图 B.0.2 中 P_r 值确定,结束时间 T_{of} 应按式(B.0.2)计算:

$$T_{of} = \frac{2i_{rf}}{P_{rf}} \cdot W^{1/3} \tag{B.0.2}$$

式中：i_{rf}——前墙超压正压作用的比例冲量(kPa·s/kg$^{1/3}$)，按图
B.0.2 中 i_r 值确定。

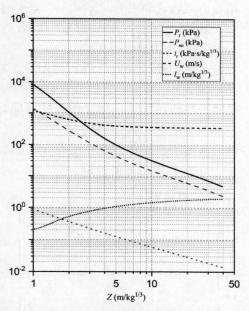

Z—目标墙面的比例距离(m/kg$^{1/3}$)，前墙取 Z_f，侧墙取 Z_{a1}，屋面取 Z_{a2}，后墙取 Z_b；
P_r—超压正压作用峰值(kPa)；P_{so}—入射超压正压作用峰值(kPa)；i_r—超压正压作用
的比例冲量(kPa·s/kg$^{1/3}$)；U_w—冲击波波速(m/s)；l_w—比例波长(m/kg$^{1/3}$)

图 B.0.2　正压作用荷载参数

B.0.3　作用在侧墙或屋面的超压峰值 P_{ra}、升压时间 T_{ra} 和结束
时间 T_{oa} 应分别按式(B.0.3-1)～式(B.0.3-3)计算：

$$P_{ra} = C_e \cdot P_{soa} + C_d \cdot q_{oa} \qquad (B.0.3-1)$$

$$T_{ra} = t_{ra} \cdot W^{1/3} \qquad (B.0.3-2)$$

$$T_{oa} = t_{oa} \cdot W^{1/3} \qquad (B.0.3-3)$$

式中：C_e——正压作用等效荷载系数，按图 B.0.3-1 确定；

P_{soa}——侧墙或屋面入射超压正压作用峰值（kPa），按图 B.0.2中 P_{so} 的值确定；

C_d——拖曳力系数，当 0 kPa≤q_o<172 kPa 时取-0.4，当 172 kPa≤q_o<345 kPa 时取-0.3，当 345 kPa≤ q_o<896 kPa 时取-0.2；

q_{oa}——侧墙或屋面动压峰值（kPa），按图 B.0.3-2 中 q_o 的值确定；

t_{ra}——侧墙或屋面正压作用的比例升压时间（s/kg$^{1/3}$），按图 B.0.3-3 中 t_r 的值确定；

t_{oa}——侧墙或屋面正压作用的比例作用时间（s/kg$^{1/3}$），按图 B.0.3-4 中 t_o 的值确定。

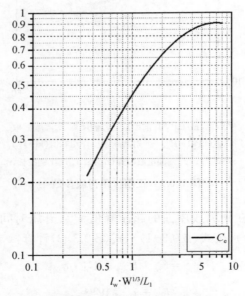

L_1—目标面沿冲击波前进方向的长度（m），侧墙或屋面取 B_o，后墙取 H_o。

图 B.0.3-1　等效荷载系数

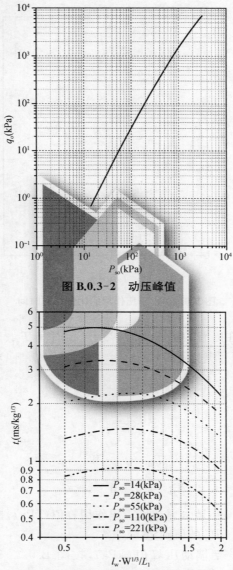

图 B.0.3-2 动压峰值

图 B.0.3-3 正压作用的比例升压时间

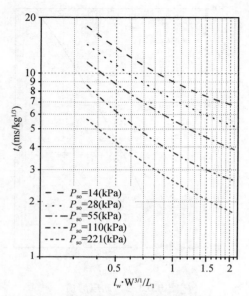

图 B.0.3-4　正压作用的比例作用时间

B.0.4 作用在后墙的超压峰值 P_{rb}、开始时间 T_{sb}、升压时间 T_{rb} 和结束时间 T_{ob} 应分别按式（B.0.4-1）～式（B.0.4-4）计算：

$$P_{rb} = C_e \cdot P_{sob} + C_d \cdot q_{ob} \qquad (B.0.4-1)$$

$$T_{sb} = \frac{B_o}{U_w} \qquad (B.0.4-2)$$

$$T_{rb} = t_{rb} \cdot W^{1/3} \qquad (B.0.4-3)$$

$$T_{ob} = t_{ob} \cdot W^{1/3} + T_{sb} \qquad (B.0.4-4)$$

式中：P_{sob}——后墙入射超压正压作用峰值（kPa），按图 B.0.2 中 P_{so} 的值确定；

q_{ob}——后墙动压峰值（kPa），按图 B.0.3-2 中 q_o 的值确定；

t_{rb}——后墙正压作用的比例升压时间（s/kg$^{1/3}$），按
图 B.0.3-3中 t_r 的值确定；

t_{ob}——后墙正压作用的比例作用时间（s/kg$^{1/3}$），按
图 B.0.3-4中 t_o 的值确定。

附录 C 常用建筑材料的动态力学特性

C.0.1 材料强度调整系数应按表 C.0.1 采用。

表 C.0.1 材料强度调整系数(γ_{SIF})

材料属性	γ_{SIF}
混凝土抗压强度	1.1
混凝土抗拉强度	1.0
钢筋、钢材屈服强度	1.1
钢筋、钢材极限强度	1.0

C.0.2 混凝土、钢筋和钢材的动态强度增大系数可依据构件的受力状态,按表 C.0.2-1~表 C.0.2-3 采用。

表 C.0.2-1 混凝土的动态强度增大系数

受力状态	强度	强度等级	γ_{DIF}
受弯	抗压	C55 及以下	1.2
		C60~C80	1.1
	抗拉	C55 及以下	1.2
		C60~C80	1.1
受压	抗压	C55 及以下	1.1
		C60~C80	1.0
斜剪	抗压、抗拉	C55 及以下	1.0
		C60~C80	1.0
直剪	抗压	C55 及以下	1.1
		C60~C80	1.0

表 C.0.2-2 钢筋的动态强度增大系数

受力状态	强度	强度等级	γ_{DIF}
受弯	屈服强度	HPB235	1.3
		HPB300	1.2
		HRB335 HRBF335	1.2
		HRB400 HRBF400 RRB400	1.1
		HRB500 HRBF500	1.1
	极限强度	HPB235	1.2
		HPB300	1.1
		HRB335 HRBF335	1.1
		HRB400 HRBF400 RRB400	1.1
		HRB500 HRBF500	1.1
受压	屈服强度	HPB235	1.2
		HPB300	1.1
		HRB335 HRBF335	1.1
		HRB400 HRBF400 RRB400	1.0
		HRB500 HRBF500	1.0
斜剪	屈服强度	HPB235	1.2
		HPB300	1.1
		HRB335 HRBF335	1.1
		HRB400 HRBF400 RRB400	1.0
		HRB500 HRBF500	1.0

续表 C.0.2-2

受力状态	强度	强度等级	γ_{DIF}
斜剪	极限强度	HPB235	1.1
		HPB300	1.0
		HRB335 HRBF335	1.0
		HRB400 HRBF400 RRB400	1.0
		HRB500 HRBF500	1.0
直剪	屈服强度	HPB235	1.2
		HPB300	1.1
		HRB335 HRBF335	1.1
		HRB400 HRBF400 RRB400	1.0
		HRB500 HRBF500	1.0

表 C.0.2-3　钢材的动态强度增大系数

受力状态	强度	牌号	γ_{DIF}
受弯	屈服强度	Q235	1.3
		Q355 Q355GJ	1.2
		Q390	1.1
		Q420	1.1
		Q460	1.1
	极限强度	Q235	1.1
		Q355 Q355GJ	1.1
		Q390	1.05
		Q420	1.05
		Q460	1.05

受力状态	强度	牌号	γ_{DIF}
受压、受拉、受剪	屈服强度	Q235	1.2
		Q355 Q355GJ	1.1
		Q390	1.0
		Q420	1.0
		Q460	1.0
	极限强度	Q235	1.1
		Q355 Q355GJ	1.05
		Q390	1.0
		Q420	1.0
		Q460	1.0

C.0.3 混凝土抗压强度增大系数可按下式确定:

$$\gamma_{DIF} = \begin{cases} 1 & \dot{\varepsilon} \leqslant \dot{\varepsilon}_{cs} \\ \left(\dfrac{\dot{\varepsilon}}{\dot{\varepsilon}_{cs}}\right)^{1.026\alpha_c} & \dot{\varepsilon}_{cs} < \dot{\varepsilon} \leqslant 30 \text{ s}^{-1} \\ \gamma \left(\dfrac{\dot{\varepsilon}}{\dot{\varepsilon}_{cs}}\right)^{1/3} & 30 \text{ s}^{-1} < \dot{\varepsilon} \leqslant 300 \text{ s}^{-1} \end{cases} \quad (C.0.3)$$

式中: $\dot{\varepsilon}$ ——应变率;

$\dot{\varepsilon}_{cs}$ ——混凝土抗压强度静态应变率常数,取 $30 \times 10^{-6} \text{ s}^{-1}$;

α_c, γ ——常数,均取 0.012。

C.0.4 混凝土抗拉强度增大系数可按下式确定:

$$\gamma_{DIF} = \begin{cases} 1 & \dot{\varepsilon} \leqslant \dot{\varepsilon}_{ts} \\ \left(\dfrac{\dot{\varepsilon}}{\dot{\varepsilon}_{ts}}\right)^{\alpha_t} & \dot{\varepsilon}_{ts} < \dot{\varepsilon} \leqslant 1.0 \text{ s}^{-1} \\ \lambda \left(\dfrac{\dot{\varepsilon}}{\dot{\varepsilon}_{ts}}\right)^{1/3} & 1.0 \text{ s}^{-1} < \dot{\varepsilon} \leqslant 300 \text{ s}^{-1} \end{cases} \quad (C.0.4)$$

式中：$\dot{\varepsilon}_{ts}$ ——混凝土抗拉强度静态应变率常数，取 10^{-6} s^{-1}；

α_t，λ ——常数，分别取 0.0018 和 0.0062。

C.0.5 钢筋和钢材屈服强度增大系数可按下列公式确定：

$$\gamma_{DIF} = \left(\frac{\dot{\varepsilon}}{10^{-4}} \right)^{\alpha_y} \quad 10^{-4}\ s^{-1} \leqslant \dot{\varepsilon} \leqslant 255\ s^{-1} \quad \text{(C.0.5-1)}$$

$$\alpha_y = 0.074 - 0.040\ \frac{f_y}{414} \quad 235\ \text{MPa} \leqslant f_y \leqslant 690\ \text{MPa}$$

$$\text{(C.0.5-2)}$$

式中：f_y ——钢筋或钢材的静态屈服强度（MPa）。

C.0.6 钢筋和钢材极限强度增大系数可按下列公式确定：

$$\gamma_{DIF} = \left(\frac{\dot{\varepsilon}}{10^{-4}} \right)^{\alpha_u} \quad 10^{-4}\ s^{-1} \leqslant \dot{\varepsilon} \leqslant 255\ s^{-1} \quad \text{(C.0.6-1)}$$

$$\alpha_u = 0.019 - 0.009\ \frac{f_y}{414} \quad 235\ \text{MPa} \leqslant f_y \leqslant 690\ \text{MPa}$$

$$\text{(C.0.6-2)}$$

附录 D 高温下钢材的力学参数

D.0.1 高温下结构钢的强度设计值应按下列公式计算：

$$f_T = \eta_{sT} f \qquad \text{(D.0.1-1)}$$

$$\eta_{sT} = \begin{cases} 1.0 & 20\ ℃ \leqslant T_s \leqslant 300\ ℃ \\ 1.24 \times 10^{-8} T_s^3 - 2.096 \times 10^{-5} T_s^2 \\ \quad + 9.228 \times 10^{-3} T_s - 0.2168 & 300\ ℃ < T_s < 800\ ℃ \\ 0.5 - T_s / 2\ 000 & 800\ ℃ \leqslant T_s \leqslant 1\ 000\ ℃ \end{cases}$$

$$\text{(D.0.1-2)}$$

式中：T_s ——钢材的温度（℃）；

$\quad\quad f_T$ ——高温下钢材的强度设计值（N/mm^2）；

$\quad\quad f$ ——常温下钢材的强度设计值（N/mm^2），应按现行国家标准《钢结构设计规范》GB 50017 的规定取值；

$\quad\quad \eta_{sT}$ ——高温下钢材的屈服强度折减系数。

D.0.2 高温下结构钢的弹性模量应按下列公式计算：

$$E_{sT} = \chi_{sT} E_s \qquad \text{(D.0.2-1)}$$

$$\chi_{sT} = \begin{cases} \dfrac{7 T_s - 4\ 780}{6 T_s - 4\ 760} & 20\ ℃ \leqslant T_s < 600\ ℃ \\ \dfrac{1\ 000 - T_s}{6 T_s - 2\ 800} & 600\ ℃ \leqslant T_s \leqslant 1\ 000\ ℃ \end{cases}$$

$$\text{(D.0.2-2)}$$

式中：E_{sT} ——高温下钢材的弹性模量（N/mm^2）；

E_s ——常温下钢材的弹性模量（N/mm²），应按照现行国家标准《钢结构设计规范》GB 50017 的规定取值；

χ_{sT} ——高温下钢材的弹性模量折减系数。

D.0.3 高温下耐火钢的强度可按本标准式（D.0.1-1）确定。其中，屈服强度折减系数 η_{sT} 应按下式计算：

$$\eta_{sT} = \begin{cases} \dfrac{6(T_s - 768)}{5(T_s - 918)} & 20\ ℃ \leqslant T_s < 700\ ℃ \\[2mm] \dfrac{1\ 000 - T_s}{8(T_s - 600)} & 700\ ℃ \leqslant T_s \leqslant 1\ 000\ ℃ \end{cases} \quad (D.0.3)$$

D.0.4 高温下耐火钢的弹性模量可按本标准式（D.0.2-1）确定。其中，弹性模量折减系数 χ_{sT} 应按下式计算：

$$\chi_{sT} = \begin{cases} 1 - \dfrac{T_s - 20}{2\ 520} & 20\ ℃ \leqslant T_s < 650\ ℃ \\[2mm] 0.75 - \dfrac{7(T_s - 650)}{2\ 500} & 650\ ℃ \leqslant T_s < 900\ ℃ \\[2mm] 0.5 - 0.0005T_s & 900\ ℃ \leqslant T_s \leqslant 1\ 000\ ℃ \end{cases} \quad (D.0.4)$$

表 D.0.4 为按本标准有关公式计算的各温度下钢材的屈服强度折减系数 η_{sT} 和弹性模量折减系数 χ_{sT}。

表 D.0.4 高温下钢材的屈服强度折减系数 η_{sT} 和弹性模量折减系数 χ_{sT}

温度(℃)		20	100	200	300	400	450	500	550	600	650	700	750	800	900	1 000
结构钢	χ_{sT}	1.000	0.981	0.949	0.905	0.839	0.791	0.727	0.637	0.500	0.318	0.214	0.147	0.100	0.038	0.000
	η_{sT}	1.000	1.000	1.000	1.000	0.914	0.821	0.707	0.581	0.453	0.331	0.226	0.145	0.100	0.050	0.000
耐火钢	χ_{sT}	1.000	0.968	0.929	0.889	0.849	0.829	0.810	0.790	0.770	0.750	0.610	0.470	0.330	0.050	0.000
	η_{sT}	1.000	0.980	0.949	0.909	0.853	0.815	0.769	0.711	0.634	0.528	0.374	0.208	0.125	0.042	0.000

本标准用词说明

1 为了便于在执行本标准条文时区别对待,对要求严格程度不同的用语说明如下:

1)表示很严格,非这样做不可的用词:

正面词采用"必须";

反面词采用"严禁"。

2)表示严格,在正常情况下均应这样做的用词:

正面词采用"应";

反面词采用"不应"或"不得"。

3)表示允许稍有选择,在条件许可时首先这样做的用词:

正面词采用"宜";

反面词采用"不宜"。

4)表示有选择,在一定条件下可以这样做的用词,采用"可"。

2 条文中指明应按其他有关标准、规范执行时,写法为:"应符合……的规定"或"应按……执行"。

引用标准名录

1 《建筑结构荷载规范》GB 50009
2 《钢结构设计规范》GB 50017
3 《建筑结构可靠性设计统一标准》GB 50068
4 《建筑钢结构防火技术规范》GB 51249

上海市工程建设规范

大跨度建筑空间结构抗连续倒塌设计标准

DG/TJ 08—2350—2021
J 15559—2021

条 文 说 明

2021　上海

目　次

Contents

1 总 则

1.0.1 大跨度空间结构广泛适用于机场航站楼、会展中心、高铁站房等大型公共建筑,该类建筑人员密集度高,一旦出现倒塌事故,涉及的人员伤亡和社会影响比较大。近些年,因为恐怖袭击、煤气爆炸、汽车撞击、施工不当等偶然因素导致的建筑倒塌、损坏时有发生,所以国内外对偶然事件发生时建筑的抗连续倒塌能力提出了较高的要求。现行国家标准《建筑结构可靠性设计统一标准》GB 50068 明确提出:当发生爆炸、撞击、人为错误等偶然事件时,结构能保持必要的整体稳固性,不出现与起因不相称的破坏后果,防止出现结构的连续倒塌。本标准正是在这样的背景下,为贯彻国家与上海有关建筑工程法律法规,避免大跨度空间结构在偶然事件中发生连续倒塌破坏,减少人员伤亡及经济损失,进行编制的。

1.0.2 偶然事件是指爆炸、撞击、火灾、施工不当、使用不当引起的局部超载等情况。地震、强风作用下的抗连续倒塌设计,应根据现行国家标准《建筑抗震设计规范》GB 50011、《建筑结构荷载规范》GB 50009 等进行设计。

根据对抗连续倒塌设计的需求,以及当前抗连续倒塌设计方法和工程设计经验的局限性,本标准所指的大跨度空间结构一般是指跨度不小于 60 m 的单层公共建筑(下部支撑结构可以为多层钢筋混凝土结构或钢结构)。

3 基本规定

3.1 一般规定

3.1.1 对于新建建筑,在设计过程中应考虑建筑在正常使用阶段遭受潜在偶然事件,对结构进行抗连续倒塌设计;在建造施工阶段,应根据施工方案,对每个关键施工步骤进行抗连续倒塌设计;对于既有建筑,在工程改造过程中应根据改造施工方案,对每个关键施工工序进行抗连续倒塌设计;在拆除阶段,尚应考虑避免结构因构件和体系的改变发生连续倒塌而导致的施工人员人身安全隐患和机械、设备等经济损失。

3.1.2 概念设计是建筑结构抗连续倒塌设计的基本方法,应在结构体系布置、材料选用、节点构造和支座设计等方面加强概念设计理念,提高结构抗连续倒塌能力。对于跨度较大或重要的建筑,应进行抗连续倒塌性能试验或专题计算分析,保障结构安全。

3.1.3 风险分析是抗连续倒塌设计的重要内容,通过风险分析可以评估建筑结构可能存在的危险源,以及每种危险源可能涉及的结构构件。风险分析使结构抗连续倒塌设计有的放矢,是结构抗连续倒塌设计中确定偶然工况、偶然荷载和关键构件的重要依据。

当明确关键构件后,可以采用两种思路进行后续抗连续倒塌设计:①先采用拆除构件法进行结构的抗连续倒塌分析,当结构不会发生连续倒塌时,则满足设计要求;当发生连续倒塌时,进行偶然荷载作用下关键构件强度及防护设计,或优化结构布置,避免连续倒塌的发生。②先进行偶然荷载作用下关键构件的失效分析,当构件不会发生失效时,则满足设计要求,可不进行剩余结构的抗连续倒塌分析;当构件发生失效时,则进行剩余结构的抗连续倒塌分析,当结构不发生连续倒塌时,则满足设计要求;当发生连续倒塌时,可对关键构件进行加强、防护设计,或优化结构布置,避免连续倒塌的发生。

3.1.4 设计人员应根据建筑使用功能、建筑规模等条件确定建筑的抗连续倒塌重要性等级,也可以根据建设方的特殊需求提高结构的抗连续倒塌重要性等级。表 1 给出了抗连续倒塌重要性等级和结构抗震设防类别之间的简单对应关系,供设计人员参考。

表 1　抗连续倒塌重要性等级

抗连续倒塌重要性等级	示例
一级	抗震设防类别为甲类或具有特殊要求的建筑
二级	乙类建筑
三级	一级、二级以外的建筑

3.1.6 荷载组合系数应根据现行国家标准《建筑结构可靠性设计统一标准》GB 50068、《建筑结构荷载规范》GB 50009 等相关规定进行选取。当采用静力线性分析方法时,可采用效应设计组合;当采用非线性分析方法时,可采用标准荷载组合。

3.1.7 拆除构件法是一种简单的抗连续倒塌分析方法,在国内外被广泛采用,对于大部分项目是适用的。直接动力分析法是一种非线性动力时程计算方法,相对而言更复杂,对工程师的要求更高,但是可以更直接的得到偶然事件导致的构件或结构受力、失效情况和动力失效过程。不管是拆除构件法,还是直接动力法,均是结构概念设计的一种补充,其功能是帮助工程师更准确地判断结构或构件的受力状态,以及构件失效后剩余结构的受力状态,为抗连续倒塌设计决策提供技术支撑。

3.1.8 采用直接动力分析方法进行结构抗连续倒塌能力分析时,同时考虑几何非线性、材料非线性可获得较准确的计算结果。有条件情况下,可以考虑结构发生局部破坏和构件失效时可能发生的碰撞和材料的断裂行为。

3.2 概念设计

3.2.1 大跨度空间结构体系类型繁多,有些体系是静定体系甚至是瞬变体系,在工程设计中应采取技术措施提高结构的抗连续倒塌能力。对于大跨度空间结构,当条件允许时,主要承重构件应选用延性较好的材料;连接和节点应具备足够的强度和刚度,避免发生脆性破坏。当某根构件发生破坏时,应有备用路径将此根构件承担的荷载传递至基础,不致发生连续倒塌现象。

3.2.3 大跨度空间结构不应全采用只能承受压力的支座类型,应有一定数量的受拉支座,以免偶然事件中支座反力变号导致结构发生连续倒塌。对于重要的承压型支座,应具备一定的抗拉承载力。对可滑移支座提出了明确的限位要求,防止在偶然事件中支座滑落导致结构发生连续倒塌。

4 拆除构件法抗连续倒塌能力评估

4.1 一般规定

4.1.1 这里是指偶然事件发生时,首先受到影响的构件,比如某根柱子、支撑、支座、节点等,其失效过程对剩余结构的影响有两种情况:①失效过程可以忽略,在剩余结构抗倒塌分析时直接去除失效构件;②失效过程对剩余结构的影响不可忽略,在剩余结构抗倒塌分析时,以附加力的形式进行考虑,或采用全过程直接动力分析法考虑。

4.1.2 本条给出了采用拆除构件法进行大跨空间结构抗连续倒塌能力评估时的一般步骤。其中初步风险分析是首先要做的工作,通过初步分析确定哪些构件需要被拆除,这是一个基于概念判断的过程。如果通过简单概念判断可以明确拆除某构件原结构将发生倒塌、连续倒塌或者完全不会发生倒塌,则这些构件不需要进行拆除计算,可直接进入加强或保护措施设计环节;当构件自身存在失效风险,并且失效后有可能导致连续倒塌,则需要采用本方法进行计算评估。

4.1.3 可根据结构的规则性、力学特征等因素,选择合适的方法进行剩余结构的抗连续倒塌计算。建筑形体、构件布置比较规则的刚性结构,可采用线性静力弹性方法。

4.1.4 本条规定了大跨度结构抗连续倒塌的计算模型相关要求。

4.1.5 被拆除构件对剩余结构的影响包括两部分:①竖向荷载作用下的支承力;②被拆除构件失效过程中可能产生的动力效应。

4.2　拆除构件选择

4.2.2　此条给出了大跨度空间结构拆除构件的原则和建议,通常是该类结构中关键或重要受力构件。对于张弦梁结构,可选择下弦拉索或撑杆;对于弦支穹顶结构,可选择靠近支座的径向索或撑杆;对于复杂的索结构,则需要有明确的计算结果作为依据,或根据专家评审会确定。

4.3　计算分析

4.3.2　杆件瞬间失效时,结构几何构成突变产生振动,从而产生惯性力。采用静力方法进行抗连续倒塌计算时,应考虑动力效应的放大系数。研究表明失效位置附近的放大效应最大且基本相同,距离越远,动力效应越小并逐渐趋近于零。因此将剩余结构分为是否考虑动力效应的两个区。对于大跨屋盖结构,下部柱失效时,考虑动力效应的区域可限制在相邻柱所围合的区域。

4.3.5　动力弹塑性方法应采用荷载组合而不是效应组合,先组合后计算效应,并且剩余结构的动力计算以原结构的静力计算内力状态为初始态。

4.4　能力评估

4.4.4　局部加强法是通过提高构件的承载力,抵抗爆炸、撞击在该构件表面产生的附加侧向荷载。参考现行行业标准《高层建筑混凝土结构技术规程》JGJ 3,构件表面附加侧向荷载为 $80 \ kN/m^2$。

5 爆炸作用下抗连续倒塌设计

5.1 一般规定

5.1.1 建筑爆炸危险性大是指建筑遭受爆炸作用可能性较大，包括建筑内部及周边存储有可爆性物品、使用功能特点存在产生人为致爆的可能性等情况。爆炸危险性的大小应通过爆炸风险分析来确定。

5.1.2 抗爆炸倒塌设计时，如通过爆炸风险评估明确不需要考虑爆炸对失效构件周边构件的影响，可跳过第 2 步，直接进入第 3 步进行结构抗连续倒塌分析。

抗爆炸倒塌设计拆除构件的数量和位置，应根据抗爆评估的结果确定，一般选择爆炸物可能靠近位置的重要构件。周边构件的范围一般考虑与待拆除构件直接相连的构件，以及相邻的柱。初始条件一般包括初始速度和位移，初始损伤包括损伤区域及程度，都需采用适当的构件爆炸分析得到。

5.1.5 构件抗爆分析时，对构件的边界条件进行了一定程度的简化，分析结果也是相对近似的，如果有条件进行整体结构的直接动力法分析，可以得到更准确的结果。

5.2 爆炸荷载

5.2.2 本条规定了不同爆炸品均需转换为等效 TNT 当量进行结构分析，转换应以试验数据作为简化荷载的标准；若没有试验资料，则可参考相关资料按照超压峰值或冲量等效原则进行换算。

5.2.3 本标准有关室外爆炸荷载的计算仅适用于理想自由空气中的爆炸条件。当在刚性地面爆炸时,等效 TNT 质量应取实际 TNT 质量的 2 倍;当在土壤地面爆炸时,应取等效 TNT 质量的 1.7 至 1.8 倍。理想自由空气中的爆炸条件包括:爆炸物为球形,爆炸物附近无遮挡,环境压力为一个标准大气压。

5.2.4 当比例距离 $Z_f = \dfrac{R}{W^{1/3}}$ 大于等于 0.2 m/kg$^{1/3}$ 且小于 1 m/kg$^{1/3}$ 时,定义为近距离爆炸;比例距离小于 0.2 m/kg$^{1/3}$ 时,定义为接触爆炸。其中,W 为等效 TNT 当量,R 为爆炸物与建筑物的距离。

5.3 材料动态特性

5.3.1 材料强度调整系数是考虑构件中材料的实际强度高于材料强度的标准值。

材料动态强度增大系数是考虑了爆炸作用下材料强度随应变率的增大而提高的情况,适用应变率范围为 $10 \sim 10^6$ s^{-1}。

5.3.3 混凝土的动态本构模型可采用 K&C 模型。双线性随动强化模型采用 Mises 屈服准则和随动强化准则,通过弹性模量、泊松比、屈服应力和切线模量等参数,以两条直线段描述材料应力—应变关系,适用于各向同性材料包括金属材料。

5.4 构件抗爆分析

5.4.1 本条规定了结构构件抗爆分析应包含的验算内容,包括抗剪承载力验算和变形验算。

5.4.2 近距离爆炸或接触爆炸主要引起构件局部破坏,等效静载法无法反映局部破坏的情况,因此已不适用,需要采用动力数值模拟法或试验法进行分析。

5.4.3 参考现行国家标准《建筑结构荷载规范》GB 50009 中有关荷载偶然组合的规定。在爆炸发生同时,出现大风的概率很小,风荷载对爆炸直接作用的杆件的效应一般相对很小,所以构件抗爆分析时可不考虑风荷载。

5.4.4 构件的基本频率应按假定一阶振型计算,假定一阶振型应采用构件的静挠度曲线;混凝土构件受弯动力系数的建议值:受弯时取 5,大偏压时取 3,小偏压时取 1.5,轴心受压时取 1.3;当混凝土构件处于弹性工作阶段时,允许延性比等于 1,剪力动力系数可按图 5.4.4 确定;当混凝土构件按塑性设计时,允许延性比大于 1,剪力动力系数应乘以塑性修正系数 αp:$\mu=2$ 时,$\alpha p=0.8$;$\mu=3$ 时,$\alpha p=0.6$;$\mu=5$ 时,$\alpha p=0.5$;其他允许延性比情况应插值计算。其他材料构件动力系数需通过试验或可靠依据确定。

爆炸荷载作用方向与构件常规荷载方向相反时,因考虑作用互相抵消,所以取负向剪力动力系数,但当爆炸荷载为控制荷载时,宜取正向剪力动力系数。

5.4.6 本条规定了不同类型构件的失效判断准则。这是根据现有试验研究和数值分析结果,并结合构件的受力性能特征确定的。其中构件的弹塑性转角为构件的最大弯曲变形与其距两端较近距离的比值;构件的延性比为构件的弹塑性变形与弹性变形的比值。

5.5 直接动力法

5.5.3 直接动力法可直接建立炸药、空气、结构的数值模型,通过模拟爆炸波的传播及对结构的作用,对结构进行动力分析。动力分析过程中,不断判断构件的抗剪承载能力和塑性转角,并即时从结构中删除失效构件进行后续分析,直至整体结构达到最终平衡,构件失效的判断标准同拆除构件法。结构的抗连续倒塌能力根据整体结构的抗倒塌情况进行评判,允许单个结构构件失效。

6 撞击下抗连续倒塌设计

6.1 一般规定

6.1.1 本标准关于抗撞击倒塌设计仅针对汽车撞击,包括建筑外部车辆和内部车辆。车辆可撞击范围包括车辆正常行驶区域和车辆可强行闯入区域。

6.1.3 当采用拆除构件法计算的结果不满足设计要求时,可以有两种选择:①直接对构件(比如柱子)进行加固、设置抗撞和防撞设施;②采用直接分析法对拆除的柱子进行抗撞击分析,如果分析结果显示柱子不会被撞击失效,则可以不采取措施,如果柱子被撞击失效,则必须对柱子进行重新设计或采取其他技术和管理措施。

6.1.7 根据撞击分析方法不同,撞击荷载的取值和材性模型的选择是不同的。对于线性分析,材料的本构模型采用线弹性模型,不考虑非线性效应和屈服效应;对于非线性分析,材料的本构模型采用考虑强化、硬化和屈服等非线性效应的本构关系。对于静力分析方法,撞击荷载选用考虑动力放大效应的等效静力荷载;对于动力分析方法,撞击荷载选用标准荷载,并根据撞击的类型确定撞击作用的持续时间。

6.2 撞击荷载

6.2.1 汽车总质量是包括汽车自身的重量和所载人、物质量的总和。计算撞击荷载的汽车总质量宜按照实际情况采用。根据现行国家标准《建筑结构荷载规范》GB 50009 的规定,当无参考数据时,汽车质量可取 15 t,车速可取 22.2 m/s,即 80 km/h,撞击时间可取 1.0 s,但是应注意该参数取值对应的撞击力是偏小的。

撞击力的大小与撞击物体的质量、刚度以及撞击速度都有关系,不同的等效原则也会产生不同的等效撞击力,因此,该取值需要慎重考虑,必要时需要结合数值仿真分析或模型试验来确定。

6.2.2 对于普通车辆,撞击力的作用位置一般位于路面以上 0.5 m 处。对于卡车,作用位置一般位于路面以上 0.5 m~1.5 m 范围,根据车型不同确定,当没有确切数据时,可取 1.5 m。表 6.2.2 中的轿车撞击力按照轿车总重 1.8 t,撞击车速 80 km/h,撞击时间 0.8 s 等参数取值,根据公式(6.2.3-1)计算取整后得到撞击力 50 kN;表 6.2.2 中的卡车撞击力是按照卡车总重 55 t,撞击车速 80 km/h,撞击时间取 0.8 s 等参数取值,根据公式(6.2.3-1)计算取整后得到撞击力 1 500 kN,介于现行行业标准《公路桥涵设计通用规范》JTG D60 规定的 1 000 kN 以及美国 AASHTO 规定的 1 800 kN 之间。

6.2.3 根据具体数据可以采用相应的撞击力计算公式。如果已知数据是速度、刚度和质量就采用式(6.2.3-1),如果已知数据是质量、速度和作用时间也可采用等价的计算公式如下:

$$P = v\sqrt{km}$$

本节中的撞击力简化计算公式适用于结构构件是刚性的和不可移动的"硬碰撞"情况。撞击能量主要由撞击车辆的变形吸收,可视为"硬碰撞"。如果撞击车辆是刚性的而把结构视为弹性,则撞击中的能量主要由结构变形吸收,可视为"软碰撞",此时,"硬碰撞"中的撞击力公式仍可适用,但公式中的撞击物与结构之间的等效刚度值应采用结构的实际刚度系数。当实际情况不符合本公式假定时,应进行专项研究确定撞击荷载的大小。

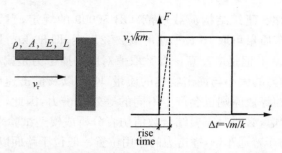

图 1　汽车撞击等效动力荷载-时间曲线(矩形脉冲)

考虑汽车撞击发生的情形,汽车的纵向车身刚度一般远远低于大跨结构柱的底部抗弯或抗剪刚度,本公式采用欧洲规范 BS EN 1991-1—7:2006 一般荷载作用中的偶然荷载计算中的硬碰撞计算公式。

6.3　构件抗撞击分析

6.3.2　对被撞击构件单独建模分析时,可以采用线单元、壳单元或者是实体单元,可以获得较为详细的构件应力、应变、损伤分布情况,模型中被撞击构件的边界条件、荷载大小及作用位置应与其在结构中的情况一致。

6.3.5　动力分析的时间步长应满足数值计算工程精度要求,当采用显式积分方法时,分析时间不少于被撞击构件第一阶自振周期的 5 倍。

6.4　直接动力法

6.4.1　构件拆除法在计算时不能真实考虑撞击力由被撞击构件传递给结构的过程;采用独立建模的构件抗撞击分析,只能获得被撞击构件的受力情况;直接动力分析法可以较为真实地考虑撞击力由被撞击构件传递给相邻构件,进而转递给结构的过程,可以获得整个受力过程以及可能的倒塌模式、破坏程度。

7 火灾下抗连续倒塌设计

7.1 一般规定

7.1.2 抗火灾连续倒塌设计的目标与火灾下的大跨度建筑消防安全目标一致,并为实现火灾下的大跨度建筑安全整体目标提供保障,即:①在火灾发生后,为建筑内人员的疏散提供安全保障,即在人员疏散时间内,大跨度结构构件不能破坏;②在火灾救援过程中,保证消防救援人员的安全,即在设计要求的耐火极限内大跨度结构不发生局部或整体倒塌,一般构件的破坏可以接受;③减少火灾造成的间接经济损失,缩短建筑的功能恢复周期,即在设计要求的耐火极限内,大跨度结构不发生整体倒塌,为建筑功能的恢复提供基础条件。

7.1.3 因为火灾时,结构的升温过程比较长,至少以分钟计,结构从受到火的作用起,到有构件开始破坏的时间都在 10 min 以上,构件的受热升温、应力、应变变化比较缓慢,这个持续时间超过结构自振周期的几十倍,因此火灾下结构构件破坏时的动力效应影响较小,在抗倒塌分析时可以不考虑。

7.2 设计参数

7.2.1 一般情况下,当该建筑空间发生火灾后,空间的几何尺寸和通风条件满足发生轰然的条件时,就应采用标准火灾,当空间尺寸和通风条件满足不发生轰然的条件时,就可以采用计算流体力学方法,根据建筑内的实际可燃物和几何物理特性模拟得到设计火灾的实际升温曲线。大空间的楼(地)面面积一般不小于 500 m², 空间净高度不低于 6.0 m。

7.2.2 建筑发生火灾时,一次火灾对结构的影响范围只考虑一个防火分区内发生火灾时对结构的影响,因为防火分区的分隔可以防止火灾从一个防火分区蔓延到其他防火分区。也不考虑几个防火分区同时发生火灾这种极小概率事件。一部分大跨度建筑的大空间内有时采用防火隔离带代替防火墙进行防火分隔,防止火灾从一个区域蔓延至相邻其他区域,此时,也可以一次只考虑一个区域发生火灾时对结构的影响。

7.2.3 抗连续倒塌分析时,火灾作用持续时间的考虑主要基于两点:火灾空间内的可燃物燃烧持续的时间,由可燃物数量和热释放率综合确定,如该时间小于设计要求的耐火极限,则取为耐火极限;对于会发生轰然的空间,则按照要求的耐火极限确定。该时间内,达到抗火承载力极限状态的构件均认为已被破坏,应拆除。由于全过程分析时,分析的火灾持续时间需适当延长,可以更充分得到火灾过程中结构状态的变化趋势,对评估结构的倒塌危险性提供更充分的信息,因此建议分析时将火灾持续时间取为耐火极限的 1.3 倍。

7.2.4 火灾下的构件温度按现行国家标准《建筑钢结构防火技术规范》GB 51249 给出构件温度简化计算方法计算,也可以采用数值方法计算结构构件的升温过程或直接进行热力耦合分析。

7.2.5 火灾属于小概率偶发事件,因此,荷载效应按现行国家标准《建筑结构荷载规范》GB 50009 中偶然设计工况的规定进行组合。

7.2.6 进行结构反应分析时,高温下的力学特性根据现行国家标准《建筑钢结构防火技术规范》GB 51249 或现行上海市工程建设规范《铝合金格构结构技术标准》DG/TJ 08—95 的相关条文确定,本标准附录 D 列出了部分金属材料在高温下的力学特性参数。

7.3 抗火灾连续倒塌计算

7.3.1 构件在高温下的承载力按现行国家标准《建筑钢结构防火技术规范》GB 51249 或现行上海市工程建设规范《铝合金格构结构技术标准》DG/TJ 08—95 的相关条文进行验算。

7.4 提高措施

7.4.1 主要从降低火灾风险、减小失火成灾的可能性、增加结构的冗余度几个方面来降低大跨度建筑结构的连续倒塌风险。

7.4.2～7.4.3 主要从增加防火保护或混凝土保护层厚度减缓火灾下金属构件或钢筋的升温速度,增大构件截面尺寸减小荷载比两个方面提高构件的抗火能力,进而增强结构的抗倒塌能力。增加预制结构构件间(包括构件与支座之间)的连接强度,提高其抗火性能,能够更好地保证火灾下大跨度结构的整体性,提高抗倒塌能力。

8 隔离与防护措施

8.1 一般规定

8.1.1 对于整体建筑,可通过设置建筑外围护隔离阻挡装置、入侵和紧急报系统警、视频监控系统、出入口控制系统、停车场安全管理系统、防爆安全检查系统等实体防护和电子防护系统来提高整体建筑的防护水平;对于不易进行整体防护的建筑,宜对关键结构构件设置防护装置,减少其被爆炸或被撞击的风险。兼具外围护功能的承重结构构件,如承重墙、承重框架等,可参照本标准6.3节进行专门的分析和设计。

8.1.2 本条规定了风险分析和安全规划的必要性以及外围隔离阻挡装置的设计原则。

建筑风险分析应进行建筑及周边环境分析、危险性分析、易损性分析、后果分析和风险等级评定。

建筑安全规划应包括确定合理的建筑布局和建筑防护安全距离,设置适当的建筑防护措施。

外围隔离阻挡装置主要用于保障被防护建筑的安全距离并控制爆炸当量,从而减少建筑本体被爆炸和被撞击的风险。对于重要性等级为一级或二级的建筑,宜采用外围保护的措施,从而减少建筑本体的风险。外围隔离阻挡装置可采用专门设计的防撞墙、防撞墩等装置,也可利用地形、花坛等绿化设施来设置阻挡装置。

确定建筑安全防护距离时,应考虑建筑安全防护距离和总投资的关系。

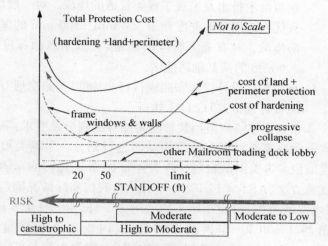

图 2　安全防护距离和总投资关系图

8.1.3 重要性等级为三级的建筑,可通过概念设计确定隔离阻挡措施:可在建筑外围设置隔离阻挡装置降低建筑的整体风险;考虑外围护装置和用地的成本,也可采用保护重要结构构件的方法,降低连续倒塌的风险。

8.2　隔离阻挡装置

8.2.1 本条规定了隔离阻挡装置的选用原则:

1)一般情况下,宜选用固定式隔离阻挡装置。当遇到影响建筑风格、车辆交通等特殊情况,可选用非固定式隔离阻挡装置。

2)隔离阻挡装置可为专门的防撞墩、防撞墙,也可利用地形、花坛等景观设施。

3)设计埋入式隔离阻挡装置时,宜参考现行国家标准《建筑给水排水及采暖工程施工质量验收规范》GB 50242 考虑建筑给水排水及采暖工程等管道的埋深。对一般场地，宜优先选用基础深度介于 300 mm～500 mm 的深基础防撞墩。对有地下管线的场地，宜选用基础深度小于 300 mm 的浅基础防撞墩。

4）交通护栏设计要求参照现行行业标准《公路交通安全设施设计规范》JTG D81 执行。

8.2.2 本条规定了隔离阻挡装置的防撞等级划分及要求：隔离阻挡装置的防撞等级根据车辆碰撞动能进行划分。车辆类型与碰撞速度取值参考美国试验与材料学会标准《外围障碍的车辆撞击标准试验方法》ASTM F2656—07 并结合我国实际情况确定。其中，国内常见的 2.0 排量型轿车质量约为 1 185 kg～1 775 kg，取平均值约 1 500 kg 作为轿车质量；国内重型卡车质量约为 20 500 kg～25 000 kg，取较大值 25 000 kg 作为重型卡车质量。

8.2.3 本条规定了隔离阻挡装置的设计方法。当车辆侵入距离不大于 0 m 时，隔离阻挡装置达到设计所需的防撞等级；否则，隔离阻挡装置未达到设计所需的防撞等级。

车辆侵入距离的定义如图 8.2.3 所示。车辆关键部位通常为恐怖份子或极端份子最容易藏匿炸弹的位置。当车辆侵入距离不大于 0 m 时，汽车炸弹经防爆阻挡装置阻隔后只能在防护安全距离以外发生爆炸。此时，爆炸冲击波荷载和炸弹碎片对建筑物的危害较小。

对轿车，关键部位为驾驶室前部；对卡车，关键部位为车床前沿。当车辆关键部位越过防爆阻挡装置背撞面底部时，车辆侵入距离为正值；反之，车辆侵入距离为负值。

8.3 结构构件防护装置

8.3.1 本条规定了设计关键结构构件防护装置时应考虑的因素。对于处于建筑外围的关键结构构件，应分析建筑所处的环境,分析该构件可能遭遇的风险。建筑所处的环境包括建筑的社会环境(如法律法规)和物理环境(如周边交通和环境、已采用的建筑防护系统)等,确定获取该构件可能受爆或受撞击的可能性以及需考虑的爆炸荷载或冲击荷载。

对于处于建筑内部的关键结构构件,应分析已采用的建筑防护系统(如对门禁、入口检测等),确定该构件需考虑的荷载,如爆炸当量和爆炸位置。

8.3.2 本条规定了结构构件防护装置的类别。隔离装置指在构件外围设置防撞墩、防撞墙等装置;加强装置指加强结构构件力学性能的装置或措施,如外包钢管、外包钢筋混凝土等;防撞减爆装置指可通过构件外包泡沫铝等耗能材料减少撞击或爆炸造成的破坏。

附录 A 建造和改造阶段抗连续倒塌设计

A.1 一般规定

A.1.2 了解周边可能带来结构安全相互影响的环境因素,如临近建筑、地下管线、地下空间、轨道交通等。

A.1.4 建造和改造期间的主体结构构件和临时设施结构构件的荷载应考虑撞击、火灾、爆炸等的作用,其荷载取值可参考前面的章节。应注意在建造和改造期间,有些临时构件或关键构件是连续倒塌的关键,实施时应有保障措施。房屋建筑结构加固、改造阶段的抗连续倒塌计算,可采用本标准第 4 章的有关方法。

A.2 结构建造过程抗连续倒塌设计

A.2.5 整体提升技术在大跨度空间结构施工中应用较为普遍。当单个提升机械故障或整体提升不同步时,容易引起施工连续倒塌事故。